说一个故事给你听

主编 张培培

天津出版传媒集团
天津科学技术出版社

同学们，人的一生很漫长，但最关键的只有那么几步，中学阶段正是你成长的重要时期。作为一个中学生的你，是什么样子的？你是不是喜欢嬉戏玩耍而害怕受拘束和禁锢？你是不是喜欢自己动手实验，而不喜欢埋首于枯燥的课本当中？你是不是喜欢天马行空的想象，而不喜欢大人给的条条框框？

是的，你一定是这样的学生。你一定像爱迪生一样爱思考；你一定像达尔文那样充满想象力；像司马光那样聪明机智；拥有毕加索那样的艺术天赋……其实，每一个学生都是天才，只是，在成长的过程中，这些才能没有被激发出来而已。

它是一种游戏，能轻松拉近你与同伴间的距离，让你不知不觉成为群体的中心，备受大家的欢迎；它也是一种学习，能让你在轻松愉快的氛围中开拓思维，增长见识。它就是《你的大脑能绕几个弯》！这里会聚着史上最棒的脑筋急转弯，能让你绞尽脑汁，苦苦思索，而答案却让你豁然开朗并开怀大笑。如果你还在按照常规的思维去正经八百地思考的话，那就正中提问者的下怀！不错，要想快速找出脑筋急转弯的答案，你就必须打破思维定式，不走寻常路。喂，看你的大脑到底能绕几个弯，快来试试吧！

为我们每个人喝彩 …001

丑陋的声音

让你的心先越过横杆

抬头走向成功

黑色的气球也能升起

赞美的力量

欣赏是另一种阳光

乔丹的胸怀

……

这里有我的好榜样 …039

站起来的次数
风中的木桶
用你的心去跳舞
跨越自己
诚实的士兵
有瑕疵的样品
一毛钱的诚信
……

敏而好学铸就梦想 …079

猴哥的烦恼
勤奋笃学的司马光
小千里马的秘诀

勤奋诗童
释放出你的潜能
妙用劣势
从数据中找出的灵感
……

感恩宽容让我快乐

种花的邮差
谢谢你,我的对手
羊羔跪乳
造座心灵的桥梁
宰相的眉毛
送一轮明月
……

··· 为我们每个人喝彩 ···

丑陋的声音

  有一位日本女孩,她从小嗓音就很沙哑,小朋友们都因她"丑陋的声音"而不愿和她交朋友。小女孩很伤心,也很难过,但她从未因此而变得郁郁寡欢,而是一直积极而快乐地寻找每一个展示自己的机会。

　　终于有一天，她争取到了参加一个社团演出的机会。女孩认认真真地扮演着自己的角色，努力展现自己最美丽的一面。这次演出中，日本著名的漫画家藤子不二雄恰好观看了这位女孩出演的话剧，女孩特异的声音立刻吸引了他。当时他正为筹拍中的卡通片《机器猫》中的主人公物色一名配音演员，而这位有着沙哑嗓音的女孩正好让他如获至宝。

　　女孩果然不负众望，她的声音为影片增添了独特的魅力。她那独特的沙哑的声音伴着卡通片像长了翅膀一样，飞遍了世界各地。她成为孩子们争相模仿的天才配音演员。

　　这个女孩"丑陋的声音"不仅征服了世界，更让人看到了信心和希望的力量。

　　生活中充满各种各样的机会，但是能不能把握，却要看你有没有坚定的信心和敢于展示自己的勇气。不要因为自己的某个缺点而伤心不已，相信自己，说不定它便会成为你最独特的一个亮点，像小女孩沙哑的嗓音一样，具有无穷的魅力。

··· 为我们每个人喝彩 ···

让你的心先越过横杆

　　布勃卡是举世闻名的撑竿跳冠军，享有"撑竿跳沙皇"的美誉。他曾数十次创造撑竿跳的世界纪录，而且他所保持的两项世界纪录，迄今无人打破。

为我们每个人喝彩

在接受"国家勋章"的授勋典礼上,记者们纷纷提问:"你成功的秘诀是什么?"

布勃卡微笑着说:"很简单,每次撑竿跳之前,我都会先让自己的心'跳'过横杆。"

作为一名撑竿跳选手,在成名之前,尽管布勃卡不断尝试新的高度,但每次都以失败告终。他既沮丧又苦恼,甚至怀疑过自己的潜力。

有一天,他来到训练场,禁不住摇头对教练说:"我实在跳不过去。"

教练平静地问:"你是怎么想的?"布勃卡如实回答:"只要踏上起跳线,一看那根高悬的横杆,心里就害怕。"

教练看着他,突然厉声喝道:"布勃卡,你现在要做的就是闭上眼睛,先让你的心从标杆上'跳'过去。"

教练的训斥,让布勃卡如梦初醒。遵从教练的吩咐,他重新撑杆,这一次,他顺利地跃身而过。

教练欣慰地笑了,语重心长地说:"记住,先

··· 为我们每个人喝彩 ···

让你的心从标杆上'跳'过去,你的身体就一定会跟着过去。"

是的,决定成败的往往不是身体,而是心灵,只有让心灵先跨过去,才能达到新的高度。

··· 为我们每个人喝彩 ···

抬头走向成功

一个老登山队员和他的同伴在幽深的峡谷里迷了路,他们在里面跋涉了三天四夜,依然没有走出深谷。

为我们每个人喝彩

"我恨死了自己没有走出峡谷的本事。我惧怕挫折，要是这世上只有成功没有挫折该多好啊！"同伴绝望地说。

老登山队员说："世上怎么可能只有成功没有挫折呢？没有挫折就不会有真正的成功，就好比这峡谷与高山，没有这峡谷，哪来的高山？"

"挫折的滋味太难受了，我现在甚至想终死在这深谷里算了。"同伴叹息道。

老登山队员感慨地说道："你这么悲观，是因为你一直在低头走路啊！"

"抬头走路就不绝望吗？"同伴抬起头仰望天空问。

"你抬头看到了什么？"老登山队员问。

"除了高山还是高山！"同伴答。

老登山队员说："是呀，我每次遇到危险，遭受挫折，我都是这样抬头走向成功的！"

同伴若有所思地点点头，随后，他们静下心来，仔细辨别着方向，一路做着标记。终于，在一个阳光灿烂的黎明，他们走出了峡谷。迎着朝阳，

为我们每个人喝彩

他们抬头望着青山,会心地笑了。

人生道路的延伸也是直线和曲线的辩证统一。一个人今天行走在直路上,明天则可能行走在弯路上。我们在遇到困难和身处逆境时,不要茫然不知所措、灰心丧气。从某种意义上讲,人生目标的实现不在于当前处在什么样的环境里。只要你抱定成功的信念,不断地去进取,总有一天,你会如愿以偿,收获成功的。

··· 为我们每个人喝彩 ···

黑色的气球也能升起

美国著名心理医生基恩博士曾经和他的病人讲起他小时候经历的一个让他难忘的故事。

一天，几个白人小孩在公园里玩。这时，一位卖氢气球的老人推着货车进了公园。白人小孩一窝

··· 为我们每个人喝彩 ···

蜂地跑了上去,每人买了一个气球,兴高采烈地追逐着放飞的气球跑开了。

在公园的角落里站着一个黑人小孩,他羡慕地看着白人小孩,可是他很自卑,没有勇气和他们一起玩。

白人小孩的身影消失后,黑人小孩怯生生地走到老人的货车旁,用略带恳求的语气问道:"您能卖给我一个气球吗?"

"当然可以,"老人慈祥地打量了他一下,温和地说,"你想要什么颜色的?"

他鼓起勇气说:"我要一个黑色的。"

脸上写满沧桑的老人惊诧地看了看这个黑人孩子,随即递给他一个黑色的气球。

小男孩开心地接过气球,小手一松,气球在微风中冉冉升起。那黑色的气球在蓝天

为我们每个人喝彩

上也是那么漂亮。

老人一边看着上升的气球,一边用手轻轻地拍了拍小男孩的后脑勺,说:"记住,气球能够升起,不是因为它的颜色,而是因为气球内充满了氢气。"

气球的升起,与它的颜色无关,只要它里面充满了氢气;一个人的成败,不是因为种族、出身,关键是你的心中有没有自信。俗话说,这个世界是由自信心创造出来的。充分的自信和坚韧不拔的意志,是事业取得成功的一个重要条件。

··· 为我们每个人喝彩 ···

赞美的力量

有一次,卡耐基到邮局去寄一封挂号信,人很多。卡耐基发现那位管挂号的职员对自己的工作已经很不耐烦,可能是他今天碰到了什么不愉快的事

为我们每个人喝彩

情,也许是年复一年地干着单调重复的工作,早就烦了。

因此,卡耐基对自己说:"我必须说一些令他高兴的话。他有什么优点值得我欣赏的吗?"稍加用心,卡耐基立即就在他身上看到了值得欣赏的一点。

当那个职员接待卡耐基的时候,卡耐基很热诚地说:"我真的很希望有您这种头发。"那个职员抬起头,有点惊讶,面带微笑。"嘿,不像以前那么好看了。"他谦虚地回答。

卡耐基对他说,虽然你的头发失去了一点原有的光泽,但仍然很好看。那个职员高兴极了。双方愉快地谈了起来,而他说的最后一句话是:"相当多的人称赞过我的头发。"

离开邮局后,卡耐基说:我敢打赌,这位仁兄当天回家的路上一定会哼着小调;我敢打赌,他回家以后,一定会跟他的太太提到这件事;我敢打赌,他一定会对着镜子说:"这的确是一头美丽的头发。"想到这些,我也非常高兴。

为我们每个人喝彩

　　如果能够将真诚的赞美变成一种习惯，那么，要发现一个人值得赞美的地方是一件很容易的事情。一般来说：如何发现一个人真正值得真诚赞美的地方也有一定的规律可循，比如说，对老年人应该更多地赞美他光荣辉煌的过去、健康的身体、幸福的家庭或有出息的儿女等；对年轻母亲赞美她的小孩往往比直接赞美她本人更有效……

··· 为我们每个人喝彩 ···

欣赏是另一种阳光

卓别林小的时候，有一年圣诞节学校组织合唱团，卓别林却落选了，他很沮丧。一天在班上，卓别林背诵了一段喜剧歌词，博得了大家的喝彩。老师说："虽然你唱得不好，但表演很有幽默

为我们每个人喝彩

的天分。"

后来，卓别林的父亲早逝，母亲患上严重的精神病。为了生计，卓别林到剧院四处打听，希望能演上一个角色。

一天，伦敦一家剧院要上演一出戏，剧院老板答应让卓别林演一个孩子的角色。演出并不成功，报纸在批评该剧的同时却说："幸而有一个角色弥补了该剧的缺点，那就是报童桑米。以前我们不曾听说过这个孩子，但可以预见，在不久的将来定会看到他不凡的成就。"

后来，年轻的卓别林获得了一个去美国演出的机会。不巧的是，这次演出没有引起任何轰动，然而美国的报纸在谈到卓别林时说："那个剧团里至少有一个很能逗笑的英国人，他总有一天会让美国人倾倒的。"

多年后，卓别林终于成为享誉世界的艺术家。除了天才与勤奋之外，他的成功与年轻时候宽厚的社会氛围是分不开的。

对于一个人一生的成长来说，欣赏是另一种必

··· 为我们每个人喝彩 ···

要的阳光。这一缕纤细的阳光，能使将要跌入生活暗处的人，及时得到一丝光亮的指引，获得前进的勇气，看到走向成功的希望，从而最终引领他走到明媚的未来。而实际上，做到欣赏又是那么容易，只要在他们最需要的时候，能有一句肯定的话就足够了。

··· 为我们每个人喝彩 ···

乔丹的胸怀

  在多年前的一场 NBA 决赛中，NBA 的一位新秀皮蓬独得33分，超过乔丹3分，成为公牛队比赛得分首次超过乔丹的球员。比赛结束后，乔丹与皮蓬紧

为我们每个人喝彩

紧拥抱着，两人泪光闪闪。

在乔丹和皮蓬之间，有一个鲜为人知的故事。当年，乔丹在公牛队时，皮蓬是公牛队最有希望超越乔丹的新秀，他时常流露出一种对乔丹不屑一顾的神情，还经常说乔丹某方面不如自己，自己一定会超过乔丹之类的话。但乔丹没有把皮蓬当做潜在的威胁而排挤他，反而对皮蓬处处加以鼓励。

有一次，乔丹问皮蓬："我们两个的三分球谁投得好？"皮蓬有点心不在焉地回答："你明知故问什么，当然是你。"因为那时乔丹的三分球命中率是28.6%，而皮蓬是26.4%。

但乔丹微笑着纠正："不，是你！你投三分球的动作规范自然，很有天赋，以后一定会投得更好，而我投三分球还有很多弱点。"

乔丹还对他说："我扣篮多用右手，习惯地用左手帮一下，而你左右都行。"这一细节连皮蓬自己都不知道。他深深地为乔丹的无私所感动。

从那以后，皮蓬和乔丹成了最好的朋友，皮蓬也成了公牛队比赛得分首次超过乔丹的球员。而

··· 为我们每个人喝彩 ···

乔丹这种无私的品质则为公牛队注入了难以击破的凝聚力,从而使公牛队创造了一个又一个的神话。乔丹不仅以球艺,更以他那坦然无私的广阔  胸襟赢得了所有人的拥护和尊重,包括他的对手。

··· 为我们每个人喝彩 ···

站在巨人的肩上

  牛顿的数学教授巴罗博士，原是剑桥大学数学讲座的首席教授。当这位老师发现牛顿的才学超过自己时，不仅毫无嫉妒之心，而且满怀喜悦之情，

为我们每个人喝彩

主动推荐年轻的牛顿接替自己的职务。

对此,牛顿曾怀着对师长和科学前辈的无限敬仰的心情说道:"如果说我看得更远一些,那是因为我站在巨人的肩上。"

这句话不仅表明了牛顿这位科学巨匠的谦虚精神,同时也高度赞扬了主动提携后辈者的广阔胸怀及牛顿崇高的尊师品质。

类似的例子还有很多。

1930年,时任清华大学数学系主任的熊庆来在《科学》杂志上看到了一篇名为《苏家驹之代数的五次方程式不能成立的理由》的论文,论文的署名作者为华罗庚。

熊庆来很重视这篇论文,几番打听作者的情况,得知了作者坎坷的身世后,更加敬佩作者在逆境中的奋进精神。不久,在熊庆来教授的邀请下,时年19岁的华罗庚迈进了清华校园。

新中国成立后,从美国回来的华罗庚担任中国科学院数学研究所所长。

一天,他收到了一封叫陈景润的青年寄来的

为我们每个人喝彩

信，信中对华罗庚《堆垒素数论》一书中关于塔里问题的几处地方提出了一些改进意见。要知道，《堆垒素数论》一书出版后，国内外数学界赞赏备至，没想到一个无名小辈竟认为还有地方值得商榷。别人皱眉的事，华罗庚却如获至宝。他随即向全国数学界推荐了陈景润，后来还把在厦门大学当图书馆管理员的陈景润调到北京，并亲自指导他继续深入钻研数论。

三个小故事的脉络很清晰：牛顿所取得的成就，得益于老师的推荐；有了熊庆来，便有了后来

的华罗庚；有了华罗庚，便有了后来的陈景润。

　　巴罗、熊庆来、华罗庚都是有学识有眼光的人，同时，他们还有博大的胸襟。如果巴罗怀有嫉妒之心，牛顿的成功之路就会遇到阻碍；如果熊庆来心胸狭窄、妒能嫉贤，华罗庚肯定还在家乡为生计而奔波；如果华罗庚也是妒能嫉贤之流，陈景润纵有再高的天赋，也将珠沉泥沙被埋没。

··· 为我们每个人喝彩 ···

学会欣赏

一年秋天,屠格涅夫在打猎时无意间捡到一本皱巴巴的《现代人》杂志。他随手翻了几页,竟被一篇题名为《童年》的小说所吸引。作者是一个初出茅庐的无名小辈,但屠格涅夫十分欣赏,钟爱有

··· 为我们每个人喝彩 ···

加。他四处打听作者的住处,最后得知作者是由姑母一手抚养照顾长大的。

屠格涅夫找到了作者的姑母,表达了他对作者的欣赏与肯定。姑母很快就写信告诉自己的侄儿:"你的第一篇小说在瓦列里扬引起了很大的轰动,大名鼎鼎、写《猎人笔记》的作家屠格涅夫逢人便

为我们每个人喝彩

称赞你。他说：'这位青年如果能继续写下去，他的前途一定不可限量！'"

作者收到姑母的信后欣喜若狂。他本是因为生活的苦闷而信笔涂鸦打发心中寂寥的，由于名家屠格涅夫的欣赏，竟一下子点燃了心中的火焰，找回了自信和人生价值，于是一发不可收地写了下去，最终成为享有世界声誉的艺术家和思想家。他就是列夫·托尔斯泰。

台湾作家林清玄青年时代做记者时，曾报道过一个小偷作案手法非常细腻，犯案上千起。文章的最后，他情不自禁感叹："像心思如此细密，手法那么灵巧，风格这样独特的小偷，做任何一行都会有成就的吧！"林清玄不曾想到，他20年前无心写的这几句话，竟影响了一个青年的一生。如今，当年的小偷已经是台湾几家羊肉炉的大老板了！在一次邂逅中，这位老板诚挚地对林清玄说："林先生写的那篇特稿，打破了我生活的盲点。我想，为什么除了做小偷，我没有想过做正当事呢？"从此，他脱胎换骨，重新做人。

为我们每个人喝彩

生活中,欣赏与被欣赏是一种互动的力量之源,欣赏者必具有愉悦之心,仁爱之怀,成人之美之善念;被欣赏者必产生自尊之心,奋进之力,向上之志。因此,学会欣赏与被欣赏应该是一种做人的美德。

与欣赏对立的是漠视与诋毁。培根说:"欣赏者心中有朝霞、露珠和常年盛开的花朵,漠视者冰结心城,四海枯竭,丛山荒芜。"让我们在生活中多一些欣赏。欣赏是一种给予,一种馨香,一种沟通与理解,一种信赖与祝福。

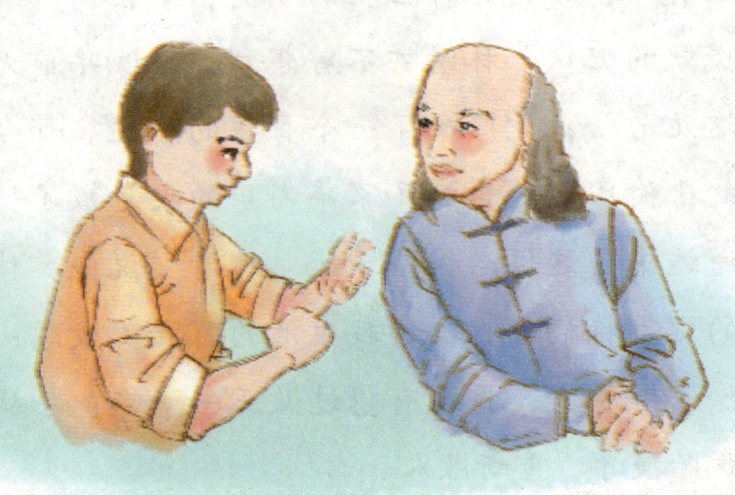

···为我们每个人喝彩···

高山流水

伯牙从小就酷爱音乐,他的老师成连曾带着他到东海的蓬莱山,领略大自然的壮美神奇,使他从中悟出了音乐的真谛。他弹起琴来,琴声优美动听,犹如高山流水一般。虽然,有许多人赞美他的

为我们每个人喝彩

琴艺，但他却认为一直没有遇到真正能听懂他琴声的人。他一直在寻觅自己的知音。

有一年，伯牙奉命出使楚国。八月十五那天，他乘船来到了汉阳江口。遇到风浪，船停泊在一座小山下。晚上，风浪渐渐平息了下来，云开月出，景色十分迷人。

望着空中的一轮明月，伯牙琴兴大发，拿出随身带来的琴，专心致志地弹了起来。他弹了一曲又一曲，正当他完全沉醉在优美的琴声之中的时候，猛然看到一个人在岸边一动不动地站着。伯牙吃了一惊，手下用力，"啪"的一声，琴弦被拨断了一根。

伯牙正在猜测岸边的人为何而来，就听到那个人大声地对他说："先生，您不要疑心，我是个打柴的，回家晚了，走到这里听到您在弹琴，觉得琴声绝妙，不由得站在这里听了起来。"

伯牙借着月光仔细一看，那个人身旁放着一担干柴，果然是个打柴的人。伯牙心想：一个打柴的樵夫，怎么会听懂我的琴呢？于是他就问："你既

··· 为我们每个人喝彩 ···

然懂得琴声,那就请你说说看,我弹的是一首什么曲子?"

听了伯牙的问话,那打柴的人笑着回答:"先生,您刚才弹的是孔子赞叹弟子颜回的曲谱,只可惜,您弹到第四句的时候,琴弦断了。"

打柴人的回答一点不错,伯牙不禁大喜,忙邀请他上船来细谈。那打柴人看到伯牙弹的琴,便

··· 为我们每个人喝彩 ···

说:"这是瑶琴!相传是伏羲氏造的。"接着他又把瑶琴的来历说了出来。

听了打柴人的这番讲述,伯牙心中不由得暗暗佩服。接着伯牙又为打柴人弹了几曲,请他辨识其中之意。当他弹奏的琴声雄壮高亢的时候,打柴人说:"这琴声,表达了高山的雄伟气势。"当琴声变得清新流畅时,打柴人说:"这后弹的琴声,表达的是无尽的流水。"

伯牙听了不禁惊喜万分,自己用琴声表达的心意,过去没人能听得懂,而眼前的这个樵夫,竟然听得明明白白。没想到,在这野岭之下,竟遇到自己久久寻觅不到的知音,于是他问明打柴人名叫钟子期,便和他喝起酒来。

二人越谈越投机,相见恨晚,结拜为兄弟。二人洒泪而别,约定来年的中秋再到这里相会。

··· 为我们每个人喝彩 ···

　　第二年中秋，伯牙如约来到了汉阳江口，可是他等啊等啊，怎么也不见钟子期来赴约，于是他便弹起琴来召唤这位知音，可是又过了好久，还是不见人来。第二天，伯牙向一位老人打听钟子期的下落，老人告诉他，钟子期已不幸染病去世了。临终前，他留下遗言，要把坟墓修在江边，到八月十五相会时，好听伯牙的琴声。

　　听了老人的话，伯牙万分悲痛，他来到钟子期的坟前，凄楚地弹起了《高山流水》。弹罢，他挑断了琴弦，长叹了一声，把心爱的瑶琴在青石上摔

了个粉碎。他悲伤地说:"我唯一的知音已不在人世了,这琴还弹给谁听呢?"

两位"知音"的友谊感动了后人,人们在他们相遇的地方,筑起了一座古琴台。直至今天,人们还常用"知音"来形容朋友之间的情谊。

··· 为我们每个人喝彩 ···

雾的嫉妒

　　山上有郁郁苍苍的美松，山下有青青翠翠的修竹，山前有软软柔柔的嫩芽，山后有明明亮亮的水波。

　　如此靓丽的山川，引来了无数游客，有的用彩笔描绘她的美姿,有的用相机拍摄她的艳容。

"我让你去美吧!"雾心生妒忌,咬牙切齿地说,接着便抖开她白色的长裙,把山川遮得严严实实。

"快来画呀,拍呀!"游客高兴得喊叫起来,"山川时隐时现,如梦似仙,更增添了她的朦胧美,可别错过时机啊!"

这时只见摄影师高举相机,咔嚓咔嚓地按着快门;画家挥舞画笔,刷刷刷地泼洒各种色彩;作家嗖嗖地写着,记下心头的感受,他们都迫不及待地要留下这难得一见的美景。

"真没想到,"雾气得浑身颤抖,"我原想掩盖山川的美貌,结果反而更美化了她,装饰了她,让游客更喜欢她啦。"

··· 这里有我的好榜样 ···

站起来的次数

儿子都已经十六七岁了,却一点男子汉的气概都没有。父亲去拜访一位拳师,请求这位武术大师帮助他训练自己的儿子,培养他男子汉的气概。拳师答应父亲半年后一定把孩子训练成一个真正的男

这里有我的好榜样

子汉。

半年后,男孩的父亲来接回男孩,拳师安排了一场拳击比赛来向这位父亲展示这半年来的训练成果。被安排与男孩对打的是一名拳击教练。

教练一出手,这男孩便应声倒地。但是,男孩才刚刚倒地便立即站起来接受挑战,倒下去又站了起来……如此来来回回总共20多次。

拳师问这位父亲:"你觉得你孩子的表现够不够男子汉气概?"

"我简直无地自容了,想不到我送他来这里训练半年多,我所看到的结果还是这么不经打,被人一打就倒。"父亲伤心地回答。

拳师意味深长地说:"我很遗憾,因为你只看到了表面的胜负,但你有没有看到你儿子倒下去又立刻站起来的勇气和毅力呢?那才是真正的男子汉气概!"

真正的勇气,不仅仅表现为取得成功。面对失败毫不气馁、勇敢接受是一种更为难得的勇气。

⋯ 这里有我的好榜样 ⋯

风中的木桶

一个小孩在他父亲的葡萄酒厂看守橡木桶。

每天早上,他用抹布将一个个木桶擦拭干净,然后一排排整齐地摆放好。

令他生气的是:往往一夜之间,风就把他排列

··· 这里有我的好榜样 ···

整齐的木桶吹得东倒西歪。

小男孩很委屈地哭了。父亲摸着男孩的头说："孩子，别伤心，我们可以想办法去征服风。"

于是小男孩擦干了眼泪坐在木桶旁边想啊想啊，想了半天，他终于想出了一个办法。他去井里挑来一桶一桶的清水，把它们倒进空空的橡木桶里，然后忐忑不安地回家睡觉了。

第二天天刚蒙蒙亮，小男孩就匆匆爬了起来，他跑到放桶的地方一看，那些木桶一个一个排放得整整齐齐，没有一个被风吹倒的，也没有一个被吹歪的。

这里有我的好榜样

小男孩高兴地笑了,他对父亲说:"想要木桶不被风吹倒,就要加重木桶的重量。"男孩的父亲赞许地笑了。

是的,我们改变不了风,改变不了这个世界的许多东西,但是我们可以改变自己,改变我们自身的重量和我们心灵的重量。

给自己加重,这是一个人不被打翻的唯一方法。

··· 这里有我的好榜样 ···

用你的心去跳舞

苏莎是一位著名的印度舞蹈家。在事业的巅峰时期,她却不幸遭遇了车祸,她的右腿被迫截肢。对于一个以舞蹈为职业的人来说,失去了一

··· 这里有我的好榜样 ···

条腿，无疑也就失去了整个事业。但苏莎却并不轻言放弃。

在随后的几个月里，苏莎邂逅了一位医生，这位医生为苏莎量身定做了一只新型假肢。装上假肢后，苏莎重返舞台的愿望变得日益强烈。苏莎知道，首先自己要坚信梦想一定能实现。于是，为重返舞蹈世界，她开始了艰苦的尝试。她学习平衡、弯曲、伸展、行走、转身、旋转，直到开始翩翩起舞。

在其后的每一次公开演出中，她都忐忑不安地问父亲演出效果如何。而每一次，她得到的回答都是："你还有很长一段路要走。"终于，在孟买的一次演出中，苏莎实现了历史性的恢复。她以令人不可思议的舞姿震惊了所有的观众，让每一位在场的观众都感动得热泪盈眶，苏莎也因为这次演出的巨大成功而重新夺回了原本属于她的舞蹈皇后的位置。当演出结束后，她再次向父亲征询意见，这次父亲什么也没有说，只是充满慈爱地抚摸着她的假肢，眼里满是爱。

··· 这里有我的好榜样 ···

　　苏莎奇迹般的成功，极大地鼓舞了当地的人们。经常不断地有人问她："在近乎绝望的逆境中，你是如何战胜自己并最终取得成功的？"苏莎总是很平淡地说："我经常告诫自己，跳舞用的是心而非脚。"

…这里有我的好榜样…

跨越自己

有一天,龙虾与寄居蟹在深海中相遇,寄居蟹看见龙虾正把自己的硬壳脱掉,只露出娇嫩的身躯。

寄居蟹非常紧张地说:"龙虾,你怎么可以把

··· 这里有我的好榜样 ···

唯一保护自己身躯的硬壳也放弃呢？难道你不怕有大鱼一口把你吃掉吗？以你现在的情况来看，连急流也会把你冲到岩石去，到时你不死才怪呢？"

龙虾气定神闲地回答："谢谢你的关心，但是你不了解，我们龙虾每次成长，都必须先脱掉旧壳，才能生长出更坚固的外壳。现在面对的危险，只是为了将来发展得更好而做准备。"

寄居蟹细心地思量了一下，自己整天只找可以避居的地方，而没有想过如何令自己成长得更强

··· **这里有我的好榜样** ···

壮，整天只活在别人的护荫之下，难怪永远都限制自己的发展。

对于那些害怕危险的人，危险无处不在。每个人都有一定的安全区，你想跨越自己目前的成就，就不要画地自限。勇于接受挑战充实自我吧，你一定会发展得比想象中更好。

··· 这里有我的好榜样 ···

诚实的士兵

一支部队在野外训练。有一天,军官对士兵们说:"今天,我们要举行一次越野赛跑,希望大家能发挥出自己的真实水平,取得好成绩。"

赛跑开始了,大家都拼命地往前跑。可是,有

这里有我的好榜样

一个士兵，他非常不善于长跑，刚开始一会儿就落在后面了。他一个人孤零零地往前跑着，虽然已经远远地落后于别人了，但是他一直鼓励自己：坚决不能放弃啊！

这个士兵继续往前跑，他跑啊跑，遇到了一个岔路口。在这个岔路口左边的一边是专供军官跑的大路，而右边是一条让士兵跑的小路。

看到路标，士兵心想：沿着大路跑肯定能省些力气，可是如果那样的话，自己就不是一个诚实的士兵了，即使比别人早到了终点，也不是自己的成绩。

所以，这个士兵还是决定沿着小路跑，又跑了半小时，终于到达了终点。奇怪的是，除了军官，他没有看到任何士兵的影子。他认为：一定是我来得太晚了，别人都走了。没想到，军官却笑着对他说："祝贺你，你是这次比赛的冠军，别人都还没到。"

这个士兵非常奇怪，自己确实跑得比别人慢啊。就在这时，大批士兵到达了终点。原来，那所

这里有我的好榜样

谓的军官跑道其实比士兵跑道要远得多。这是军官在测试士兵们够不够诚实。

最后,军官宣布说:"今天,只有一个士兵通过了测试,他是今天的第一名,因为只有他最诚实。这个士兵才是真正的士兵!"

··· 这里有我的好榜样 ···

有瑕疵的样品

在美国200多年的经济发展历程中,许多商店都如昙花一现,这些商店在开业时通过欺骗的方式吸引了许多顾客的注意,固然风光一时,但是它们的

这里有我的好榜样

繁荣是建立在欺骗的基础上的。到了后来，他们的欺骗手段终于被顾客发觉，于是这些商店营业日趋清淡，业务逐渐萎缩，最终破产。

美国著名企业家斯图尔特先生认为，顾客有权知道真相，不管这样做会给商家带来什么后果，任何职员都不得在任何方面误导顾客，或者隐瞒商品可能存在的任何缺陷。

他曾经向一个职员询问某种新款商品的销售情况，职员告诉他：这种商品设计得不太好，某些方面还相当差。

当这个年轻人正拿着样品对斯图尔特先生描述它的缺陷时，恰好一个来自美国内陆的大客户走过来问："你今天有没有质量上乘的新东西给我看呢？"

年轻的推销员马上说："是的，先生，我们刚刚做出了一种正好适合您需要的产品。"他一边说一边把那个有问题的样品递给了顾客。

年轻的推销员对这种产品赞不绝口，让人心悦诚服，于是顾客马上决定订购一大批。这时，一直

这里有我的好榜样

默默旁观的斯图尔特先生插话了,他告诉这位顾客不要急于订货,再好好检查一下。然后,他让这个年轻的推销员到财务部门结算工资,因为他的行为不配再做公司的员工了。

··· 这里有我的好榜样 ···

一毛钱的诚信

　　岛村芳雄是日本赫赫有名的富商,他只用了几年的时间便迅速致富。当人们问他成功致富的秘诀时,他总是说:"是诚信,我是从一毛钱的诚信起家的。"

··· 这里有我的好榜样 ···

日本的渔民很多，麻绳是他们必不可少的生产工具。岛村看准这个商机，决定做批发麻绳的生意。他先从一家生产麻绳的厂家进麻绳，然后又以同样的价格卖给东京一带的工厂和零售商，为此赔上了一大笔钱。

但一年以后，人们都知道有一个"做赔本买卖"的商人，于是订货单像雪片一样飞到岛村的手中。

于是，聪明的岛村找到生产麻绳的厂家，说："过去的一年里，我从你们厂购买了大量的麻绳，而且销路一直不错，但是我都是以进价出售的，赔了不少钱。如果我继续这样做的话，我就要破产了。"

厂方看过订单之后，考虑到现在向岛村订货的客户很多，于是决定让五分钱的价格卖给岛村。

岛村又来到他的客户那里，诚实地说："以前为了扩大自己的名声，我都是原价出售麻绳，现在我的钱已经赔得差不多了。麻绳厂决定每根麻绳给我让五分钱，你们是否商量一下，也给我加

... 这里有我的好榜样 ...

一点？"

客户看过进货单之后，知道岛村说的是实话，于是决定每根麻绳加五分钱。

由于岛村为人诚实，博得了人们的信任，人们都愿意和他做生意。

··· 这里有我的好榜样 ···

火把的启示

一个商人在翻越一座山时,遭遇了一个拦路抢劫的山匪。商人立即逃跑,但山匪穷追不舍。走投无路时,商人钻进了一个山洞里,山匪也追进了山

这里有我的好榜样

洞里。

在洞的深处，商人未能逃过山匪的追逐——黑暗中，他被山匪逮住了，遭到了一顿毒打，身上的所有钱财，包括一把准备为夜间照明用的火把，都被山匪掳去了。

幸好山匪并没有要他的命，之后，两个人各自寻找着洞的出口。

这山洞极深极黑，且洞中有洞，纵横交错。两个人置身洞里，像置身于一个地下迷宫。

山匪庆幸自己从商人那里抢来了火把，于是他将火把点燃，借着火把的亮光在洞中行走。火把给他的行走带来了方便，他能看清脚下的石块，能看清周围的石壁，因而他不会碰壁，不会被石块绊倒。但是，他走来走去，就是走不出这个洞。最终，他力竭而死。

商人失去了火把，没有了照明，他在黑暗中摸索，行走得十分艰辛。他不时碰壁，不时被石块绊倒，跌得鼻青脸肿。但是，正因为他置身于一片黑暗之中，所以他的眼睛能够敏锐地感受到洞口透进

··· 这里有我的好榜样 ···

来的微光。他迎着这缕微光摸索爬行,最终逃离了山洞。

就像故事里的山匪和商人的遭遇一样,凡事都不是一成不变的。有时候,看似有利的条件反而会成为羁绊你前进的障碍。同样,身处绝望之地,只要不放弃,事情也许就会有大的转机。

··· 这里有我的好榜样 ···

最先到达春天的烈马

从前，有一匹小马立下志愿，要做一匹驰骋天下的千里马。做千里马的第一条就是要比速度，然而，这匹小马每次比赛都落在别人的后面。

几次失败以后，小马泪流满面地跑到妈妈那里，把自己的苦衷说给妈妈听。

这里有我的好榜样

妈妈让小马按照比赛时候的样子跑一遍给自己看。小马先是准备了一个漂亮的起跑姿势，然后有规律的"的的的"地跑起来，一边跑还一边时不时地注意着自己的步伐。

妈妈看到小马跑步的样子，不禁笑得前仰后合，说："孩子，一匹太在乎自己奔跑姿势的马是跑不快的。若想成为千里马，你必须抛弃那些俏皮的姿势，奋力奔跑，这样才行！"

后来，小马按照妈妈的吩咐，专心致志，奋力奔跑，终于成为了一匹迅如疾风的千里马。

一匹正在忙着追赶春天的烈马，哪顾得上其蹄声是否抑扬顿挫呢？不管是华尔兹、伦巴，还是探戈，所有的节拍对于它来说都将是沉重的枷锁。因此，最先到达春天的烈马，在前进的路上，它们都是"乐盲"！

那么，亲爱的朋友，你呢？在失败挫折面前，在伤心难过之时，你是否深深地反思过？在前进的道路上，你是否专注于自己的目标，而不被那些表面的浮华羁绊呢？

··· 这里有我的好榜样 ···

扫阳光

有兄妹二人，年龄不过四五岁。有一天，他们在屋里玩耍，由于卧室的窗户整天都是密闭着的，他们认为屋内太阴暗，看见外面灿烂的阳光，觉得

这里有我的好榜样

十分羡慕。

哥哥说:"我们一起把外面的阳光扫一点进来吧。"

妹妹高兴地说:"好啊,那样我们在屋里也能看到温暖的阳光了。"

于是,兄妹两人拿着扫帚和畚箕,到阳台上去扫阳光。他们用畚箕装满了阳光,可是等到他们把畚箕搬到房间的时候,里面的阳光就没有了。

这样一而再再而三地扫了许多次,屋内还是一点阳光都没有。兄妹两个人忙碌了半天,不明白为

··· 这里有我的好榜样 ···

什么会这样。

正在厨房忙碌的妈妈看见他们奇怪的举动,问道:"你们在做什么?"他们回答说:"房间里面太暗了,我们要扫点阳光进来。"

妈妈笑道:"只要把窗户打开,阳光自然会进来,何必去扫呢?"

是啊,把封闭的心门敞开,成功的阳光就会洒进来,驱散失败的阴暗。

··· 这里有我的好榜样 ···

扛船赶路

　　一个青年背着一个大包裹千里迢迢跑来找无际大师，他说："大师，我是那样的孤独、痛苦和寂寞，长期的跋涉使我疲倦到极点；我的鞋子破了，

这里有我的好榜样

荆棘割破双脚；手也受伤了，流血不止；嗓子因为长久的呼喊而喑哑……为什么我还不能找到心中的阳光？"

大师问："你的大包裹里装的什么？"青年说："它对我十分重要。里面是我每一次跌倒时的痛苦，每一次受伤后的哭泣，每一次孤寂时的烦恼……因为有它，我才能走到您这儿来。"

于是，无际大师带青年来到河边，他们坐船过了河。上岸后，大师说："你扛了船赶路吧！""什么，扛了船赶路？"青年很惊讶，"它那么沉，我扛得动吗？""是的，孩子，你扛不动它。"大师微微一笑，说："过河时，船是有用

这里有我的好榜样

的。但过了河，我们就要放下船赶路。否则，它会变成我们的包袱。痛苦、孤独、寂寞、灾难、眼泪，这些对人生都是有用的，它能使生命得到升华，但须臾不忘，就成了人生的包袱。放下它吧！孩子，生命不能太沉重。"

青年放下包袱，继续赶路，他发觉自己的步子轻松而愉悦，比以前快得多。原来，生命是可以不必如此沉重的。

··· 这里有我的好榜样 ···

爱是世界的回音壁

有个青年总是愤世嫉俗，在学习、生活、工作中遭遇了许多误解和挫折，由于得不到别人的理解，他渐渐地养成了以戒备和仇恨的心态看待他人

这里有我的好榜样

的习惯。在压抑郁闷的环境中,他感觉整个世界都在排斥他,因此他度日如年,几乎要崩溃了。

有一天,为了散心,他登上了一座景色宜人的大山。坐在山上,他无心欣赏美丽的风景,想想自己这些年的遭遇,内心的仇恨像开闸的洪水一样,忍不住大声对着空荡幽深的山谷喊:"我恨你们!"话一出口,山谷里传来同样的回音:"我恨你们!"他越听越不是滋味,又提高了喊叫的声音。他喊得越厉害回音越大越长,扰得他越恼怒。

就在他再次大声叫喊后,从身后传来了"我爱你们"的声音。他扭头一看,只见不远处寺庙里的一个方丈在冲着他喊。

片刻后,方丈微笑着向他走来。他见方丈面善目慈,便一股脑儿说出了自己所遭遇的一切。

听了他的讲述,方丈笑着说:"晨钟暮鼓惊醒多少江湖名利客。我送你四句话吧。

"其一,这世界上没有失败,只有暂时没成功。其二,改变世界之前,需要改变的是你自己。其三,改变从决定开始,决定在行动之前。其四,

这里有我的好榜样

是自己的决心,而不是环境在决定你的命运。

"你不妨先改变自己的习惯,试着用友善的心态去面对周围的一切,你会有意想不到的快乐。"

他半信半疑,表情很复杂。方丈看透了他的心思,接着说道:"倘若世界是一堵墙壁,那么爱是世界的回音壁。就像刚才我们的回音。你以什么样的心态说话,它就会以什么样的语气给你回音。

"爱出者爱返,福往者福来。为人处世许多烦

恼都是因为对外界苛求得太多而产生的。你关爱别人，别人也会给你爱；你去帮别人，别人也会帮助你。世界是互动的，你给予世界几份爱，世界就会回馈你几份爱。"

听了方丈的话他顿悟了，愉快地下山了。

回去后他以积极、健康、友爱的心态对待身边的一切，他和同事之间的误解没有了，没有人和他过不去，工作上他比以往顺利了，他发现自己比以前快乐多了。

··· 这里有我的好榜样 ···

心眼明亮的盲眼士兵

麦可21岁那年进入军中服役,并且奉命参加战争。

他在一次战役中受了严重的眼伤,结果眼睛看

这里有我的好榜样

不见东西了。尽管受到这么大的伤害,他却仍然十分开朗。

他常常与其他病友开玩笑,并把分配给自己的香烟和糖果分赠给病友。

医生们都尽心尽力想恢复麦可的视力,但情况一直没有好转。

一日,主治大夫亲自走进病房对麦可说:"麦可,你知道我一向喜欢对病人实话实说,从不欺骗他们。我现在要告诉你,你的视力不能恢复了。"

时间似乎静止了,房间里一片沉默。

"大夫,我知道。"过了一会儿,麦可终于打破沉寂,平静地说,"其实,我一直都知道会有这个结果,非常谢谢你们为我费了这么多心力。"

几分钟之后,麦可对他的朋友说:"我觉得我没有任何理由绝望。不错,我的眼睛瞎了,但我还可以听、还可以讲啊!我身体强壮,不但可以行走,双手也十分灵敏。何况,据我所知,政府可以协助我学得一技之长,以让我维持生计。我现在所

··· 这里有我的好榜样 ···

需要的,只不过是适应一种新生活罢了。"

这就是麦可——一位心眼明亮的盲眼士兵。他那坚强乐观的生活态度启发了我们,让我们在伤心绝望之时,也能看到生活的阳光。

敏而好学铸就梦想

猴哥的烦恼

　　猴哥哥是森林里最聪明的人，他有一位小猴弟弟，要多笨有多笨。猴哥哥常为笨头笨脑的弟弟叹气："弟弟呀弟弟，你什么时候才能变聪明点儿呢！"

··· 敏而好学铸就梦想 ···

　　森林中的小动物遇到什么难题,都来找猴哥哥解决,比如小猪要盖房子啦,黄鹂要学五线谱啦,熊猫想学画画啦……猴哥哥总是一笑说:"这个简单哩!"就把房子怎么盖,五线谱怎么识,画上怎样着颜色,都告诉了小动物们。

　　小猪便专心学起盖房子来;黄鹂也每天起得早早的练歌喉;熊猫也每天都到野外去画画……

　　有一天,小猴弟弟也出了门,不知干什么去了。

　　只有猴哥哥仍在家里,喝茶听音乐,躺在床上

闭目养神。

··· 敏而好学铸就梦想 ···

许多日子过去了,猴哥哥觉得小动物们好久没来他家了。他们都干什么去了呢?

后来,猴哥哥拿起新出的晚报才发现,原来小猪已经成了建筑师,黄鹂成了红歌星,熊猫也成了

画家……就连他的笨头呆脑的小猴弟弟,也开起诊所当起医生。

"原来他们有多笨呀,可现在都成了名人。我呢,这么聪明却什么也没干成,这到底是为什

么呢？"

聪明的猴哥哥左思右想，翻然醒悟：他教会了小动物们许多本领，但他自己却停滞不前，在别人努力学习时他还喝茶、听音乐或睡懒觉。所以，当别人都有成就时，他还停留在原地，没有进步。

··· 敏而好学铸就梦想 ···

勤奋笃学的司马光

　　司马光小时候跟几个小朋友一起玩耍，一个小朋友爬上缸沿不小心掉进了盛满水的缸中。其他小朋友一看都吓得四处跑开了，唯独司马光没有慌，他急中生智，径直搬起缸边一块大石头把水缸砸破，让水流干，及时救出了那个小伙伴。从砸缸救友这件事中，司马光机智、冷静、勇敢的处事能力可见一斑。

司马光小时候并非天资聪慧，他刚开始读书时，不仅背书速度慢，而且对书本的理解也不快，但是他一点都不气馁。当别人去玩耍的时候，他把自己关在屋子里，独自一人苦苦攻读，直到把要背的内容背得滚瓜烂熟为止。为了提醒自己勤奋学习，他用一截圆木当枕头，取名为"警枕"，这个圆木就成了司马光的"闹钟"。只要在夜里睡觉时圆木一滚开，他的头就碰在床上，这样他便立即醒来，披衣起床、挑灯夜读。

司马光不仅小时候刻苦读书，在他以后的仕途生涯中，也依然如此。由于从小专心致志于史学，他深深体会到：一本简要的通史可以减轻读书人需阅读大量史料才能读懂历史梗概的艰苦。之后，司马光改判西京御史台，由于无政事可做，他便趁着这个机会全身心地扑在修书工作上。到洛阳后，他买下一块土地开辟成园林，取名"独乐园"。在

敏而好学铸就梦想

"独乐园"的十五年闲居中,司马光过着漫长而又紧张的读书生活,并开始编纂《资治通鉴》。当时司马光年事已高,但为了完成自己的大志,常常午夜而睡、五更而起,夜夜如此。

经过十几年的勤奋努力,我国第一部编年体通史《资治通鉴》终于问世了。从此,司马光的名字因他的伟大贡献而被载入史册,为世人敬仰。

··· 敏而好学铸就梦想 ···

小千里马的秘诀

每年一度的动物运动会马上就要开始了,获得长跑冠军的动物将获得"小千里马"的称号。一年前,小白马跟小红马就开始准备了,他们俩约好一起练长跑。这一年里,小白马夏练三伏,冬练

··· 敏而好学铸就梦想 ···

三九,每天都风雨无阻地坚持跑;小红马呢,每天早上都让妈妈帮他看天气,太冷了不练,太热了也不练,他的理由是:天气太冷会感冒,太热要中暑,不冷不热才好跑。

运动会结束了,小白马在大家的赞扬声中获得了冠军,获得"小千里马"称号,小红马十分羡慕,他跑去向小白马讨教成功的秘诀。小白马谦虚

地说:"我哪有什么秘诀啊!如果非要说有的话,那就是我有个好习惯。"

小红马急切地问:"什么好习惯啊?"小白马微笑着说:"就是一天不跑就浑身不舒服啊!"小红马不相信地说:"骗人!哪有这样的习惯啊?"小白马认真地说:"真的,我不骗你。我问你,你每天早上起来都要刷牙吧?一天不刷你嘴巴什么感觉?"小红马说:"不刷牙嘴巴会难受的。"小白马继续说:"对啊,没有谁天生就爱刷牙的,既然我们能养成一天不刷牙嘴巴就难受的习惯,就一定能养成每天不跑也难受的习惯啊!"小红马恍然大悟,他坚定地说:"谢谢你,小白马,我明白了,我也要养成这样的好习惯。"

从此,小红马也坚持每天长跑,从不间断。后来,他的成绩越来越好,终于也成了一名"小千里马"。

··· 敏而好学铸就梦想 ···

勤奋诗童

十五岁的白居易从江南来到长安,在父亲的带领下,来到当时著名诗人顾况的府上,希望能得到他的指教。

顾况府上的仆人将白居易父子领到厅堂里,

敏而好学铸就梦想

只见顾况背靠着椅子,半睁着眼睛,一副傲慢的样子。他上下打量了一下白居易,又问了他的姓名和年龄,接着毫无表情地对白居易说:"把你写的诗朗诵一首给我听听。"

"是。"白居易便抑扬顿挫地朗诵道:"离离原上草,一岁一枯荣。野火烧不尽,春风吹又生……"

只见顾况突然挺直了身子,睁大了眼睛听白居易朗诵,并连声地赞叹道:"好诗!好诗啊!

敏而好学铸就梦想

没想到你小小年纪就能写出如此绝妙的诗,真是神童啊!"

这时,站在一旁的白居易的父亲说:"先生,这孩子哪里是什么神童啊!"他卷起白居易的衣袖说,"先生,请看!"

顾况看到白居易的手腕和胳膊肘上都生着厚厚的老茧。白居易的父亲接着又说:"他从五六岁就开始学诗,到八九岁时就能写出合乎要求的格律诗了。这茧子都是他抄写诗文磨出来的。为了学诗,他可吃了不少苦……"

顾况听了,非常感动,他对白居易的父亲说:"这孩子就留在我这儿跟我学诗吧。他将来一定会很出色的。"不久,在长安城里便出现了一个小诗人,这个人就是白居易。

白居易长大以后,成为了与李白、杜甫齐名的伟大诗人。勤奋好学、不怕吃苦就是他成功的主要原因。

··· 敏而好学铸就梦想 ···

释放出你的潜能

一位美国人最初靠养猪为生,第二次世界大战爆发后,他偶然得到一个消息:前线作战部队需要大量的脱水蔬菜。他立即向银行贷款,买下了当时美国最大的两家蔬菜脱水工厂,专门生产供部队用的脱水土豆。

过了两年，纽约一位化学师研制出了冻炸土豆条，买下脱水蔬菜工厂的美国人认定这是一种很有潜力的军需产品，果断买断了化学师的生产技术，大量生产炸土豆条，果然一炮打响。

然而，炸土豆条的工艺也有缺点，每个土豆只能利用一半，其他的都被当做废料扔掉了，浪费十分惊人。那位美国人在剩余的土豆里拌入谷物用来作牲口的饲料，饲养了前线十五万匹军马。前线部队有数以百万计的车辆，每天消耗的汽油量也非常可观，他又抓住这一良机，用土豆来制造以酒精为基础的燃料添加剂，效果非常好。

与此同时，那位美国人用土豆加工过程中所产生的含糖量丰富的废水灌溉当时的农田，把土豆喂养战马所产生的马粪收集起来，作为沼气发电厂的材料。整个二战中，他的土豆系列产值超过了10亿美元，利润超过了6亿美元。他就是被称为"土豆富翁"的辛普洛特。

对于一个小小的土豆，辛普洛特开发到了极

致。正是这种决不浪费的理念，极大地拓展了辛普洛特的事业。

　　人有时其实就像一颗土豆，有的能力像土豆心可以做大一点的用途，有的能力像土豆皮只能干相对较小的事情。我们应该充分开发、利用它们，把每一种主要的能力都转化成人生实实在在的成就，让生命在多个方向实现突破。

··· 敏而好学铸就梦想 ···

妙用劣势

　　杨格是美国新墨西哥州高原地区苹果园的经营者,是一位创新意识很强的人。每年的收获季节,杨格将上好的苹果装箱发往各地时,苹果箱上都印有与众不同的广告:"如果您对收到的苹果不满意，请您函告本人。苹果不必退回，货款照退不误。"这种广告具有巨大的吸引力，加上高原苹果味道甜美，深受顾客的青睐，每年都吸引大批买主。

可是，有一年高原上突然下了一次特大的冰雹，把结满枝的大红苹果打得遍体鳞伤。这时候，苹果已经订出了9000吨。面对这伤痕累累、创伤严重的满园苹果，怎样才能避免惨重损失，走出绝境呢？

杨格来到苹果园，心事重重地踱着步子，踩得落叶沙沙作响。他俯下身来拾起一个打落在地的苹果，揩了揩粘上的泥，咬了一口，竟意外地发现，被冰雹打击后的苹果，清香扑鼻，酣甜爽口。

这时，一个绝妙的主意进入了他的脑海。他果断命令手下集中力量，立即把苹果发运出去，同时在每一个苹果箱里都附上一个简短的说明："这批苹果个个带伤，但请看好，这是冰雹打出的疤痕，是高原地区出产的苹果的特有标记。这种苹果，果紧肉实，具有妙不可言的果糖味道。"

敏而好学铸就梦想

收到苹果的买主们半信半疑,尝了带有伤疤的苹果,发现味道特棒,真是高原苹果特有的味道。

从此,人们更青睐高原苹果了,甚至还专门要求提供带疤痕的苹果。

··· 敏而好学铸就梦想 ···

从数据中找出的灵感

美国的沃尔玛超市曾经做过一个令人疑惑不解的决定——在货架上把尿布和啤酒摆在一起,这在所有超市里都是不曾有过的摆法。

敏而好学铸就梦想

但是这个完全不合常理的奇怪举措却没有影响两种商品的销售，相反，尿布和啤酒的销量双双增加了。

这不是一个笑话，而是发生在美国沃尔玛连锁超市的真实事件，并且至今为众多商家所津津乐道。

原来，美国的太太经常嘱咐她们的丈夫，下班以后要去超市为孩子买尿布，而丈夫们购物时，总是行色匆匆，不可能仔仔细细地在商场里逛上一圈儿。

有的丈夫甚至进了超市先去买啤酒，结果忘记了去买尿布，回到家里又免不了被妻子数落一番。

沃尔玛超市花大力气对一年多的原始交易数据进行了详细分析，发现这类情况困扰着广大的"爸爸"顾客。市场部门的领导不禁有了这样一个设想：如果尿布同啤酒摆放在一块儿，那么，男士们在买完尿布以后，不就可以顺手带回自己爱喝的啤酒了吗？

敏而好学铸就梦想

　　这个神奇的组合果然不负众望，它不光让这些年轻爸爸们更方便地购物，也让两种商品的销量都得到了巨大的提高。

　　其实创新就是换一个角度去考察生活。

··· 敏而好学铸就梦想 ···

断　　剑

　　春秋战国时期，一位父亲和他的儿子出征打仗。父亲已经做了将军，儿子还只是个马前卒。一场战争要开始了，一阵号角吹响，战鼓雷鸣，父亲庄严地托起一个箭囊，里面插着一支箭。父

··· 敏而好学铸就梦想 ···

亲郑重地对儿子说:"这是家传的宝箭,把它带在身边,你便能力量无穷,但千万不要把它抽出来。"

儿子接过来一看,那是一个非常精美的箭囊,箭囊用厚牛皮制成,还镶着幽幽泛光的铜边儿,再

看露出的箭尾，一眼便能认定是用上等的孔雀羽毛制作的。儿子喜上眉梢，满意地想象着箭杆、箭头的模样，他此时仿佛已经冲在千军万马之中，充满豪情地指挥着他的军队。耳旁仿佛有嗖嗖的箭声掠过，敌方的主帅便应声落马而亡。

他充满信心地带着箭囊出发了。果然，佩带宝箭的他英勇非凡，所向披靡。战场上，他有如神助，不知道打败了多少对手，他知道，家传的宝箭一定会给他无穷的力量。

当鸣金收兵的号角吹响时，儿子再也禁不住得胜的豪气，完全忘记了父亲的叮嘱，强烈的好奇心驱使他"呼"的一声拔出了宝箭，想看看给他无穷力量的箭究竟什么样。

但是他突然惊呆了。那是一支断箭！箭囊里装着一只折断的箭，那箭羽依然很精美，但是却没有闪着寒光的锋镝，只有参差不齐的断痕，无声地诉说着真相。

"我一直挎着这只断箭打仗呀！"儿子吓出了一身冷汗，喃喃自语，他再也没有刚才那坚不可摧的信心，仿佛顷刻间失去支柱的房子，轰然坍塌了。结果可想而知，后来的战场上，儿子惨死于乱军之中。

拂开漫天的硝烟，父亲拣起那支断箭，沉重地叹声说道："不相信自己的意志，永远也做不成将军。"

···敏而好学铸就梦想···

天堂鸟的故事

充分相信自己,常常可以创造奇迹。

在瑞典,有一个富豪人家生下了一个女儿,夫妻俩非常高兴。然而,欢乐并没有延续多久,小女孩突然患了一种无法解释的瘫痪症,丧失了走路的

··· 敏而好学铸就梦想 ···

能力。全家人都很伤心,他们请了很多医生,但都没有查出结果。

有一年夏天,他们全家人都到海边避暑,住在当地一位船长的家里。船长出海去了,但是女主人很热心地接待了他们,她还讲了许多有关她丈夫和他的船的故事给小女孩听。而最令小女孩入迷的,是船长的那只天堂鸟,据说那只天堂鸟非常美丽。她真巴不得船长立刻回来,好让她亲眼目睹天堂鸟

的模样。小女孩对未曾见过的天堂鸟已经爱得不得了。

后来，船长终于回来了。保姆带着小女孩上了船，她把小女孩留在甲板上，然后自己去找船长。小女孩却耐不住性子，不想在这里等着，她要求船上的服务生立刻带她去看天堂鸟。那个服务生并不知道女孩的腿不能走路，只想带着她一起去看那只美丽的天堂鸟。

奇迹发生了。小女孩因为极度渴望看到天堂鸟，竟然忘我地拉着服务生的手，慢慢地走了起来。从那天起，小女孩的病竟然神奇地痊愈了。

这个故事虽然带有偶然性，但是毋庸置疑，强烈的希望有时候真的能产生神奇的力量，帮助我们战胜困难，让我们的生命像美丽的天堂鸟一样飞翔。

··· 敏而好学铸就梦想 ···

困扰人们2000多年的数学题

一天，在德国哥廷根大学，一个很有数学天赋的青年吃完晚饭，开始做导师单独布置给他的每天例行的三道数学题。

像往常一样，前两道题目在两个小时内顺利地完成了。第三道题写在一张小纸条上，是要求只用圆规和一把没有刻度的直尺做出正17边形。青年做着做着，感到越来越吃力。

困难激起了青年的斗志：我一定要把它做出来！他拿起圆规和直尺，在纸上画着，尝试着用一些超常规的思路去解这道题。终于，当窗口露出一丝曙光时，青年长舒了一口气，他终于做出了这道难题！

作业交给导师后，导师当即惊呆了。他用颤抖的声音对青年说："这真是你自己做出来的？你知不知道，你解开了一道有2000多年历史的数学悬案！阿基米德没有解出来，牛顿也没有解出来，你竟然一个晚上就解出来了！你真是天才！我最近正在研究这道难题，昨天给你布置题目时，不小心把写有这个题目的小纸条夹在了给你的题目里。"

多年以后，这个青年回忆起这一幕时，总是说："如果有人告诉我，这是一道有2000多年历史的数学难题，我不可能在一个晚上解决它。"

敏而好学铸就梦想

  这个青年就是数学王子高斯。

  面对困难和挫折,不要把它想得太严重,只要相信自己的能力,挑战自己的潜力,你会很顺利地达到目的;相反,如果没有必胜的信念,害怕权威,低估自己,则很难成功。

···敏而好学铸就梦想···

自信的流浪汉

有一个经理,他把多年以来的所有积蓄全部投资在一个小型制造业项目上。由于经济环境不好,他无法取得他的工厂所需要的原料,只好宣告破产。

金钱的丧失、工厂的倒闭,使他大为沮丧。他

··· 敏而好学铸就梦想 ···

认为是他把家人害得没有了一切，于是他离开妻子儿女，成了一名流浪汉。过去的一幕一幕时常在他的脑海里重现，他对于这些损失无法忘怀，老是徘徊在过去，不肯为今后的日子打算，而且越来越难过。到最后，甚至想要跳湖自杀。

一个偶然的机会，他看到了一本名为《自信心》的书。这本书讲的是怎么样把人的信心建立起来，在你的生活、工作遭遇失败后，如何重新恢复信心。他看完之后，重新拥有了勇气和希望，他决定找到这本书的作者，请作者帮助他再度站起来。

于是，他便四处打听，终于被他打听到了。可是，当他找到书的作者，说完他的故事后，那位作家却对他说："我已经以极大的兴趣听完了你的故事，我希望我能对你有所帮助，但事实上，我却没有能力帮助你。"

他的脸立刻变得非常苍白，默默地愣了几分钟，然后低下头，喃喃地说道："这下完蛋了。"

作家停了几秒钟，然后说道："虽然我没有办法帮你，但我可以介绍你去见一个人，他或许可以帮助你东山再起。"听了这几句话，流浪汉立刻跳了起来，抓住作家的手，说道："看在老天爷的份上，请带我去见这个人。"

于是他便跟着作家走到里边的卧室，作家把他带到一面高大的镜子面前，用手指着镜子说："我介绍的就是这个人。在这世界上，你只有靠这个人的帮助才能够东山再起。但是你必须安静地坐下来，好好地看清楚他，彻底地认识他，否则你只能去跳湖了。因为在你对这个人有充分的认识之前，对于你自己或这个世界来说，你都将是个没有任何价值的废物。"

这个人朝着镜子向前走了几步，用手摸摸他长满胡须的脸，对着镜子里的人从头到脚打量了几分钟，然后退了几步，低下头，开始哭泣起来。过了一会儿，他就走了，也没对作家说什么。

几天后，作家在街上碰见这个人时，几乎认不出来了：他的步伐轻快有力，头抬得高高的，他从头到脚打扮一新，看来是很成功的样子。

作家看到这一切，有点儿不敢相信自己的眼

敏而好学铸就梦想

睛，走过去和他打了个招呼。当初的流浪汉很兴奋地说道："那天我离开你的办公室时还只是一个流浪汉。我对着镜子找到了我的自信。现在我找到了一份年薪三千美元的工作。我的老板先预支一部分钱给我的家人。我现在又走上成功之路了。"顿了顿，他又风趣地对作家说："我正要前去告诉你，将来有一天，我还要再去拜访你一次。我将带一张支票，签好字，收款人是你，金额是空白的，由你填上数字。因为你使我认识了自己，幸好你要我站在那面大镜子前，把真正的我指给我自己看。"

自信心是人们做事情与活下去的支撑力量，没有了它，就等于失去了一切。一个人有了这种自信，才能充分认识自己，使自己能够承受各种考验、挫折和失败，敢于去争取最后的胜利。

··· 感恩宽容让我快乐 ···

种花的邮差

在一个小村庄里有位中年邮差，他从刚满二十岁起便开始每天往返五十公里的路程，日复一日地将忧欢悲喜的故事，送到居民的家中。

就这样二十年一晃而过，人事几番变迁。唯独

··· 感恩宽容让我快乐 ···

从邮局到村庄的这条道路，从过去到现在，始终没有一枝半叶，触目所及，只有飞扬的尘土罢了。

"这样荒凉的路还要走多久呢？"

他一想到必须在这无花无树充满尘土的路上，踩着脚踏车度过他的人生时，心中总是有些遗憾。

有一天当他送完信，心事重重地准备回去时，刚好经过了一家花店。

感恩宽容让我快乐

"对了，就是这个！"他走进花店，买了一袋野花的种子。从第二天开始，他每天都带着一些种子撒在往来的路上。

就这样，经过一天，两天，一个月，两个月……他始终持续撒播着野花的种子。

过了一段时间，那条已经来回走了二十年的荒凉道路，竟开起了许多各色的小花；夏天开夏天的花，秋天开秋天的花，四季盛开，永不停歇。

种子和花香对于村庄里的人来说，比邮差一辈子送达的任何一封信都更令他们开心。

在不是充满尘土而是充满花瓣的道路上吹着口哨，踩着脚踏车的邮差，不再是孤独的邮差，也不再是愁苦的邮差了。

… 感恩宽容让我快乐 …

谢谢你，我的对手

在日本北海道，出产一种沙丁鱼，味道珍奇无比，许多渔民都以捕捞沙丁鱼为生。

可是沙丁鱼的生命却很脆弱，只要一离开深海区，用不了半天就会死亡。渔民们想尽各种办法处置捕捞到的沙丁鱼，结果上岸后的沙丁鱼依旧"死气沉沉"。

··· 感恩宽容让我快乐 ···

奇怪的是，有一位老渔民天天捕捞沙丁鱼，返回岸边后，他的沙丁鱼总是活蹦乱跳的。

由于鲜活的沙丁鱼价格要比死亡的沙丁鱼高出一倍以上，所以没几年的工夫，老渔民便成了远近闻名的富翁。而周围的渔民尽管操持着同样的营生，却只能勉强维持温饱而已。

老渔民在临终之时，把秘诀传给了儿子。原来，老渔民使沙丁鱼不死的秘诀，仅仅是在船舱的沙丁鱼中放进几条叫鲶鱼的杂鱼。

要知道，沙丁鱼与鲶鱼非但不是同类，还是出名的死对头。几条势单力薄的鲶鱼遇到很多对手，便惊慌地在沙丁鱼堆里四处逃窜，这样一来，反倒把一船舱死气沉沉的沙丁鱼全给激活了。

老渔民简单的一招，并不在人们的习惯性思维之内，鲶鱼的存在意外地激活了沙丁鱼，其实自然界中存在的这种现象，在人与人之间何尝不是如此呢？！

在工作和学习中正是因为有了对手的存在，我们才不得不在压力中超越自己。所以，让我们由衷地说一声："谢谢你，我的对手！"

··· 感恩宽容让我快乐 ···

羊羔跪乳

很早以前,一只母羊生了一只小羊羔。

羊妈妈非常疼爱小羊,晚上睡觉就让小羊依偎在自己身边,用身体暖着小羊,让小羊睡得又熟又香。

··· 感恩宽容让我快乐 ···

　　白天吃草时，羊妈妈又把小羊带在身边，形影不离。遇到别的动物欺负小羊，它总是用头抵抗来保护小羊。

　　一次，羊妈妈正在喂小羊吃奶。一只母鸡走过来，对它说："羊妈妈，近来你瘦了很多。吃的东西都让小羊咂了去，弄得自己身体里一点营养都没有了。你看我，从来不管小鸡们的吃喝，全由它们自己去扑闹哩。"

　　羊妈妈听了母鸡的话，非常生气，故意说了几

···感恩宽容让我快乐···

句不客气的话。母鸡自觉无趣，赶紧走开了。

　　气走母鸡后，小羊对羊妈妈说："妈妈，您对我这样疼爱，我怎样才能报答您的养育之恩呢？"

　　羊妈妈却说："我什么也不要你报答，只要你有这一片孝心就行，我就已经满足了。"

　　小羊听后，不觉泪下，"扑通"一声跪倒在地，表达自己难以报答慈母的一片深情的愧疚。

　　从此，小羊每次吃奶都是跪着。它知道是妈妈用奶水喂大它的，跪着吃奶是感激妈妈的哺乳之恩。这就是"羊羔跪乳"的故事。

··· 感恩宽容让我快乐 ···

造座心灵的桥梁

很久很久以前,有一对亲兄弟,一直生活在相毗邻的两个庄园里。

他们互敬互爱,相处得非常和睦。

可是有一次,他们陷入了一场纠纷,这是四十

··· 感恩宽容让我快乐 ···

年来两兄弟之间第一次发生纷争。他们互不相让,结果发展到反目成仇的地步。

　　一天上午,哥哥请来一个木匠,对他说:"我的庄园需要修缮一下。上周我们兄弟的两个庄园间还是一个美丽的大牧场,但自从发生矛盾后,我弟弟用推土机开了一条渠,现在就有一条小溪横在我们的庄园之间。我想让您在这里造一个两米高的围栏,我永远也不想见他了。"

感恩宽容让我快乐

日落时分,木匠干完了活。哥哥回来一看,惊得目瞪口呆,因为呈现在他眼前的根本不是什么两米高的围栏,而是一座小桥——一座穿过小溪连通两个庄园的桥,它精美得就像一件艺术品!

这时,弟弟走过来抱住哥哥,激动地说:"您真伟大!在我做了对不起您的事之后,您却造了一座美丽的桥。"

兄弟俩终于重归于好了,可木匠却要走了。

兄弟俩一齐挽留他,木匠笑着说:"我倒是很愿意留下来,但是还有很多这样的桥等着我去造呢。"

··· 感恩宽容让我快乐 ···

宰相的眉毛

相传古时候某宰相请一个理发师理发。理发师给宰相修面修到一半时，也许是过分紧张，一不小心把宰相的眉毛给刮掉了。

唉呀！不得了了，他暗暗叫苦，顿时惊恐万

··· **感恩宽容让我快乐** ···

分，深知宰相如果怪罪下来，那可是吃不了兜着走呀！理发师是个常在江湖上行走的人，深知人之一般心理：盛赞之下怒气消。

他急中生智，猛然醒悟！连忙停下剃刀，故意两眼直愣愣地看着宰相的肚皮，仿佛要把宰相的五脏六腑看个透似的。

宰相见他这副模样，感到莫名其妙，迷惑不解地问道："你不修面，却光看我的肚皮，这是为什么呢？"

理发师装出一副傻乎乎的样子解释说："人们常说，宰相肚里能撑船，我看大人的肚皮并不大，怎么能撑船呢？"

宰相一听理发师这么说，哈哈大笑："那是说宰相的气量最大，对一些小事情都能容忍，从不计较的。"理发师听到这话，"扑通"一声跪在地上，声泪俱下地说："小的该死，方才修面时不小心将相爷的眉毛刮掉了！相爷气量大，请千万恕罪。"

宰相一听眉毛给刮掉了，叫我今后怎么见人

··· 感恩宽容让我快乐 ···

呢？不禁勃然大怒，正要发作，但又冷静一想：自己刚讲过宰相气量最大，怎能为这小事给他治罪呢？于是，宰相豁达温和地说："无妨，且去把笔拿来，把眉毛画上就是了。"

··· 感恩宽容让我快乐 ···

送一轮明月

　　宽容是心与心的交融，无声胜有声；宽容是仁人的虔诚，是智者的宁静。正因为天空容忍了雷电风暴一时的肆虐，才有了风和日丽；辽阔的大海容纳了惊涛骇浪一时的猖獗，才有了浩渺无限。

　　一位住在山中茅屋修行的禅师，有一天趁夜色到林中散步，在皎洁的月光下，突然开悟。他满心

感恩宽容让我快乐

喜悦地走回住处，看见自己的茅屋遭小偷光顾了。找不到任何财物的小偷准备离开的时候在门口遇见了禅师。原来，禅师怕惊动小偷，一直站在门口等待。他知道小偷一定找不到任何值钱的东西，早就把自己的外衣脱下拿在手上了。

小偷遇见禅师，正感到惊愕的时候，禅师说："你走老远的山路来探望我，总不能让你空手而回呀！夜凉了，你带着这件衣服走吧！"说着，就把衣服披在小偷身上，小偷不知所措，低着头溜走了。

禅师看着小偷的背影消失在山林之中，不禁感慨地说："可怜的人呀！但愿我能送一轮明月给他。"

禅师目送小偷走了以后，回到茅屋赤身打坐，他看着窗外的明月，进入空境。

第二天，他在禅室里睁开眼睛，看到他披在小偷身上的外衣被整齐地叠好，放在门口。禅师非常高兴，喃喃地说："我终于送了他一轮明月！"

面对偷窃的盗贼，禅师既没有责骂，也没有告官，而是以宽容的心胸原谅了他，禅师的宽容和原谅也终于换得了小偷的醒悟。

··· 感恩宽容让我快乐 ···

宽恕的力量

在美国南北战争期间,有一个名叫罗斯韦尔·麦金太尔的年轻人被征入骑兵营。由于战争进展不顺利,士兵奇缺,他几乎没有接受任何训练,就被临时派往战场了。

感恩宽容让我快乐

在战斗中,年轻的麦金太尔担惊受怕,终于开小差逃跑了。后来,他以临阵脱逃的罪名被军事法庭判处死刑。

麦金太尔的母亲得知这个消息后,向当时的总统林肯发出请求。她认为,自己的儿子年纪轻轻,少不更事,他需要第二次机会来证明自己。

然而部队的将军们力劝林肯严肃军纪,声称如果开了这个先例,必将削弱整个部队的战斗力。

在这种情况下,林肯陷入两难境地。经过一番深思熟虑后,他最终决定宽恕这名年轻人,并说了一句著名的话:"我认为,把一个年轻人枪毙对他本人绝对没有好处。"

为此他亲自写了一封信,要求将军们放麦金太尔一马:"本信将确保罗斯韦尔·麦金太尔重返兵营,在服完规定年限后,他将不受临阵脱逃的指控。"

如今,这封褪了色的林肯亲笔签名信,被一家著名的图书馆收藏展览。这封信的旁边还附带了一张纸条,上面写着:"罗斯韦尔·麦金太尔牺牲于弗吉尼亚的一次激战中,此信是在他贴身口袋里发现的。"

图书在版编目(CIP)数据

说一个故事给你听 / 张培培主编. —天津：天津科学技术出版社，2012.4（2019.6重印）

ISBN 978-7-5308-6893-5

Ⅰ.①说… Ⅱ.①张… Ⅲ.①品德教育-中国-青年读物②品德教育-中国-少年读物 Ⅳ.①D432.62

中国版本图书馆CIP数据核字（2012）第052588号

说一个故事给你听
SHUO YIGE GUSHI GEINI TING

责任编辑：郑　新

出　　版：天津出版传媒集团
　　　　　 天津科学技术出版社
地　　址：天津市西康路35号
邮　　编：300051
电　　话：（022）23332674
网　　址：www.tjkjcbs.com.cn
发　　行：新华书店经销
印　　刷：三河市燕春印务有限公司

开本 700×1000mm 1/16　印张 9　字数 150 000
2019年6月第1版第3次印刷
定价：29.80元